知っておこう！

いっしょに暮らす 動物 の 健康・病気のこと

オールペットクリニック（A'alda グループ）
院長・獣医師

平林雅和 監修

ネコ

保育社
HOIKUSHA

はじめに

みなさんの家はペットを飼っていますか？

身近にペットを飼っている人はいますか？

日本の家庭では、約883万頭のネコが飼育されています。*

これはイヌよりも約180万頭も多く、**

ネコといっしょに暮らしている人は多いかもしれません。

この本では、ネコとみなさんが、

少しでも長くいっしょにいられるように、

知っておいてほしいこと、考えてほしいことをしょうかいしています。

どうして高いところが好きなの？

私のごはんをあげてもいい？

地震が起きたらいっしょににげられる？

そのこたえは、この本の中にあります。

ペットは大切な家族です。

健康で、少しでも長く生きられるように、

ネコの体のしくみや役割、病気のことなどを学んで

毎日のお世話にいかしてください。

＊一般社団法人ペットフード協会
「2022年（令和4年）全国犬猫飼育実態調査」より
＊＊イヌは約705万頭

知っておこう！
いっしょに暮らす動物の健康・病気のこと

もくじ

この本の内容や情報は、制作時点（2023年11月）のものであり、今後変更が生じる可能性があります。

ネコの体のしくみ

視力はよくありませんが、光が目に入る量を瞳孔で調節しています。ふだんは細長い瞳孔は、暗がりでは大きくまんまるになります。

とても敏感です。遠くのもののにおいもわかります。汗をかく部分でもあります。また、熱い、冷たいなどの温度も鼻で測って判断しています。

口

するどい歯と、ザラザラした舌が特徴です。歯の数はイヌより少なく、かみ切った肉は、まる飲みします。

ひげ

何かにふれるとその感覚が伝わります。鼻の横のほかに、目の上やあご、前足にも「ひげ」が生えています。

前足

5本の指と肉球があります。肉球は鼻以外で、ネコが汗をかくところです。汗には体温を調節するほか、すべり止めの効果もあります。

4

ネコは、4本の足で歩いたり、全身がふわふわの毛でおおわれていたり、私たちの体とちがうところがたくさんあります。ここでは、ネコの体の特徴を見てみましょう。

耳

ヒトには聞こえない高い音も聞こえます。すぐれたバランス感覚をもっているのは、耳の中の内耳にある器官が発達しているおかげでもあります。

毛

暑さ・寒さや、ケガから身を守ります。ネコの種類によって毛の生え方や太さ、長さはさまざまです。毛を舌でなめてぬらし、熱を蒸発させてすずしくします。

しっぽ

バランスをとったり、気持ちを表したりするときに使います。しっぽは短かったり、ねじれていたり、先がカールしていたり、ネコの種類によってさまざまです。

かかと

うしろ足

うしろ足は指が4本。ひざの裏に見えるところが、実はかかとです。つま先立ちの状態なので速く走ることができるのです。

つめ

前足にもうしろ足にも、指の数だけつめが生えています。うしろ足のほうが分厚くてかたくなっています。

ネコの顔（かお）には、ひみつがいっぱい！　ザラザラの舌（した）や長（なが）くのびたひげ、くるくると動（うご）く耳（みみ）はどんな役割（やくわり）をもっているのでしょうか。

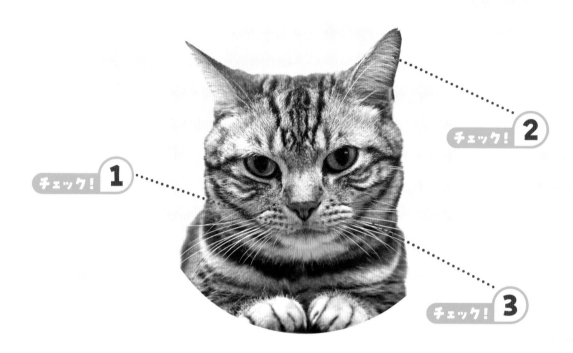

チェック！ **1**

チェック！ **2**

チェック！ **3**

1 ザラザラしたネコの舌（した）

ネコの舌（した）は、小（ちい）さなトゲのようなものがのどに向（む）かって生（は）えていて、ザラザラしています。これをブラシのように使（つか）って、体（からだ）をなめて毛（け）のよごれを落（お）としたり、ぬけ毛（げ）をとったりしています。

トゲのようなとがったものが集（あつ）まっている。

目（め）のひみつ

ネコは暗（くら）いところでも動（うご）くのが得意（とくい）です。まず、瞳孔（どうこう）が開（ひら）いて、光（ひかり）をしっかりキャッチします。そしてタペタムという部分（ぶぶん）で光（ひかり）を反射（はんしゃ）して網膜（もうまく）に2倍（ばい）の光（ひかり）を当（あ）てることで、暗（くら）いところでも見（み）えるのです。

2 よく聞こえて動かせる耳

耳の周りの筋肉が発達しているネコは、耳を前後左右にそれぞれ動かし、音のする場所を正しく感じとることができます。

また、ヒトには聞こえない高音やかすかな音も聞きとれるので、かくれた場所にいるネズミの高い鳴き声やカサカサと動いた音、赤ちゃんネコのとても高い鳴き声も、しっかり聞きとることができます。

3 はばを測るひげ、気持ちを表すひげ

ネコは、ひげにふれたものを敏感に感じとっています。「ここは通れる」「ここはせまい」と、はばを測ったり、周りに何かあるかどうかを確認しているのです。

また、ひげには気持ちが表れます。だらんとしていたらゆったり気分、ピンと前に向いていたらワクワクしています。今はどんな気持ちなのか観察してみましょう。

全身をおおっている毛、よく動くしっぽ……
ネコの体にはヒトにはないものがたくさんあり、それぞれ大切な役割があります。

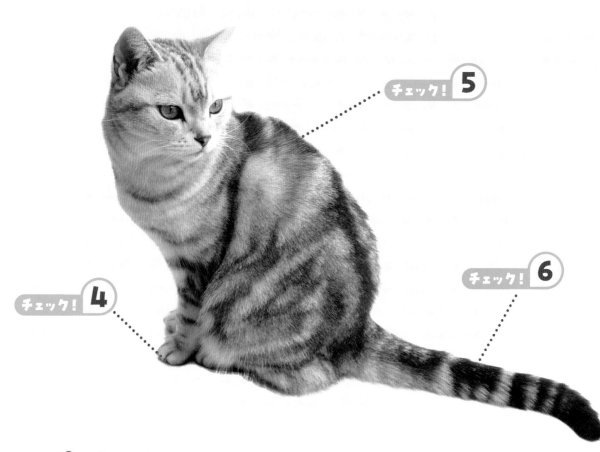

チェック！ **5**

チェック！ **6**

チェック！ **4**

4 出し入れできる曲がったつめ

ネコのつめは、横から見るとまるく曲がっています。つめは指の骨にじん帯と腱でつながっていて、いつもは指の中にかくしています。そのため足音を聞くととても静かです。おもちゃなどをつかむときは、腱に引かれたつめが出てくる、出し入れ自由なつめなのです。

スリスリのひみつ

ネコは、ヒトやものに体を寄せてスリスリします。なぜなら、「自分のものだ！」としるしをつけたいからです。自分のお気に入りのものを自分と同じにおいにして、安心するための行動です。

5 やわらかくぬれやすい毛

やわらかくて、うねりやすい細いかみの毛のことを「ネコっ毛」といいます。ヒトのかみの毛のやわらかさを表すこの言葉は、ネコの毛のやわらかさから生まれています。

昔のネコは、さばくのようなかわいたところに住んでいたので、雨や水にぬれることに強くありません。ネコの毛がぬれると、おどろくほど体が小さくなります。

6 気持ちが表れるしっぽ

ヒトのように言葉で気持ちを伝えられないネコは、鳴き声やポーズなどのほかに、しっぽで気持ちを伝えます。

また、イヌは「しっぽを左右に大きくふる」ことで、よろこびを表しますが、ネコの場合は、きんちょうしているか、きげんがよくないサインです。イヌとネコでは、似たようなしっぽの動きでも意味がちがうこともあるので、注意して見てみましょう。

あまえたいとき

びっくりしたとき

イライラしているとき

中はどうなってるの？
頭と体

小さな頭と体の中は、たくさんの臓器と骨でできています。どんなしくみになっているのでしょうか。

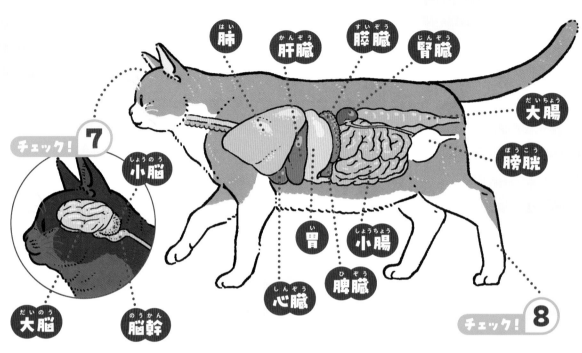

肺　肝臓　膵臓　腎臓

大腸

膀胱

チェック！7

小脳

大腸

胃　小腸

脾臓

大脳　脳幹

心臓

チェック！8

7 体に指令を出す脳

ネコもヒトも脳のつくりはほとんど同じです。「大脳」は考える、感覚が伝わる、動きを行うところです。「小脳」は動きの調整やバランスを覚えるところ、「脳幹」は呼吸や心臓を動かすために情報を伝達するところです。

骨のひみつ

ヒトの首の下にある「鎖骨」。多くの動物にはない骨ですが、ネコには小さな鎖骨があります。鎖骨があることによって、ネコは2本の前足で物をはさむ動きができます。

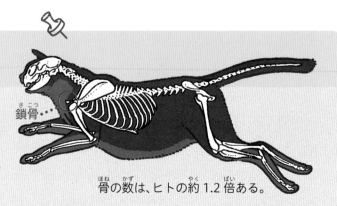

鎖骨

骨の数は、ヒトの約1.2倍ある。

体の長さの4〜5倍高く飛べるジャンプ力

ネコは、体の長さの4〜5倍の高さ、1.5〜2mくらいジャンプができるといわれています。ジャンプできる高さは1ぴき1ぴきちがいますが、このジャンプ力は、やわらかい背骨と、うしろ足にある筋肉が発達していることが関係しています。

うしろ足は、いつもひざを曲げてつま先歩きをしているような状態です。このため、助走をしなくても、いつでもジャンプすることができるのです。

毛玉をはくのはなぜ？

ネコは自分の体をなめて、毛づくろいをします。毛づくろいはお手入れのためですが、だ液をつけて体温を調節する役割もあります。

毛づくろいで飲みこんだ毛は、うんちといっしょに出ていきますが、胃から小腸、大腸に送れないときは、毛玉となってはくことがあります。

いつもよりも毛玉をはく、食べものや黄緑色の液体といっしょに毛玉をはくときは、膵炎の可能性があるので注意が必要です。

ネコの健康を守ろう

ネコ（アメリカンショートヘアーの成長したオスの場合）

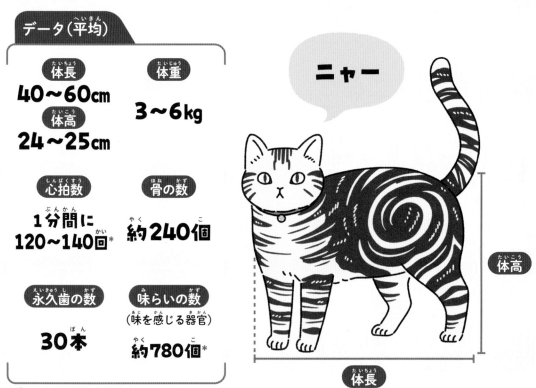

データ（平均）

体長
40〜60cm

体重
3〜6kg

体高
24〜25cm

心拍数
1分間に
120〜140回*

骨の数
約240個

永久歯の数
30本

味らいの数
（味を感じる器官）
約780個*

ニャー

体高

体長

＊『イラストで見る猫学』（講談社）より

ネコは1歳でおとなになる

ネコの場合、1歳になれば立派なおとなの体に成長します。その後は1年でヒトの4歳分ずつ年をとります。7〜8歳くらいから性格が落ち着いてきて、だんだん体力がなくなります。

平均で16歳くらいまで生き、ヒトでいうと78歳くらいです。最近は、ネコもヒトと同じで長生きする傾向にあります。

ヒトとネコでは体の大きさや骨の数、年のとり方などちがいがたくさんあります。データを見比べて、さまざまなちがいをよく知っておきましょう。

ヒト（18歳男性の場合）

データ（平均）

身長
171.1cm*

体重
61.2kg*

心拍数
1分間に
60〜90回

骨の数
約200個

永久歯の数
28〜32本

味らいの数
（味を感じる器官）
約5,000〜
7,000個

＊厚生労働省 令和元年「国民健康・栄養調査」より

ヒトとネコの年齢の比較

| ヒト | 4歳 | 8歳 | 14歳 | 18歳 | 22歳 | 46歳 | 62歳 | 70歳 | 78歳 | 94歳 |

| ネコ | 2か月 | 3か月 | 6か月 | 1歳 | 2歳 | 8歳 | 12歳 | 14歳 | 16歳 | 20歳 |

ごはんを自分で
食べるようになる

永久歯に
生えかわる

体は
もうおとな！

性格が少し
落ち着いてくる

16歳が飼いネコの
平均寿命

ネコがかかりやすい病気

ネコの病気を知ろう

ネコがかかりやすい病気

- 消化器の病気
- 泌尿器の病気
- 皮ふの病気
- 全身性の病気
- 眼の病気

『アニコム家庭どうぶつ白書 2022』をもとに作成

ネコは病気になっていても、いつもと様子が変わらないことがよくあります。おなかが痛くても毛づくろいをしているだけに見えたり、かゆくても飼い主の前でかゆがったりせず、病気の発見がおくれる原因になってしまうのです。

ふだんからおしっこやうんちの状態や回数を記録して、ごはんはグラム単位で量ってからあげましょう。

また、体重を量って管理することも、ネコの体調の変化や病気の発見につながります。

性別や年齢、体の特徴でかかりやすい病気が変わる

オスとメスでは、生殖器やホルモンによってかかりやすい病気が変わります。ただし、生後6か月ほどで去勢や避妊手術をする場合は、そのようなちがいは少なくなります。

ネコが年をとれば、さまざまな臓器も同じように年をとり、腎臓が悪くなったり、がんができやすくなったりします。

このほか、耳が折れているスコティッシュフォールド、鼻がペチャッとしているエキゾチックショートヘアーなど、体の特徴によってかかりやすい病気もあります。

うしろ足を前に出して座ることが多いスコティッシュフォールド。足が痛くて、この座り方になっていることもある。

ネコの病気について知っていれば、病気になったときに、早く気づいてあげられるかもしれません。どんな病気になりやすいのでしょうか。

泌尿器の病気　尿石症（尿路結石症）

ネコはおしっこの成分が尿路（おしっこが体の中を流れる道）で結晶化してしまう体質があります。尿路が傷ついて血が出たり、感染して膿が出たり、石のように固まりおしっこが出なくなったりします。

眼の病気　結膜炎

白目が赤くなったり、眼ヤニやなみだが多く出たりする結膜の炎症です。ウイルスや細菌に感染したネコに多くみられる病気ですが、ほこりなどのアレルギーでも結膜炎が起こります。

ネコもかぜをひく

ネコは鼻水や眼ヤニ、くしゃみ、熱を出す感染症にかかることがあります。「ネコの上部気道感染症」といわれる病気で、10個近くの菌が原因です。ヒトと同じようなかぜの症状があることから、「ネコかぜ」と呼ばれています。

治療にはお金がかかる

ヒトと同じように、ネコも病気やケガがわかったら、病院で治療をします。治療にはもちろんお金がかかりますが、ネコには私たちのような健康保険の制度がありません。治療費は、全額しはらいが必要です。

医療技術が進み、大切な家族のために高度な治療を望む飼い主も増えていますが、高度な治療は高額になることがあります。

ネコを飼うということは、命をあずかる責任に加えて、治療やごはんなど生きるためのお金が必要です。ネコが健康的な生活をおくれるように、サポートしましょう。

スキンシップで健康管理をする

ネコが病気になったりケガをしたら、できるだけ早く治療をしてあげたいものです。毎日ネコとふれあえば、「いつもは平気なのに、今日はさわると痛そう」「皮ふがはれている気がする」と、変化に気づきやすくなります。

ネコの健康を守るためにも、日ごろからスキンシップを心がけましょう。

ネコからヒトにうつる病気

　ネコにかまれたり、ひっかかれたりすることでヒトにうつる病気があります。また、はいせつ物を片づけるときにうつってしまうこともあり、注意が必要です。

　ネコをさわったあとの手洗いはもちろん、キスをするなどの密着も危険です。ネコにかまれたり、ひっかかれたりしたあとに体の不調を感じたら、病院に行きましょう。

ネコからヒトにうつるおもな病気

- 猫ひっかき病　● トキソプラズマ症
- 皮ふ糸状菌症
- キャンピロバクター感染症
- サルモネラ感染症
- カプノサイトファーガ感染症
- パスツレラ症　● 大腸菌症　● 破傷風

病気から身を守るために注意しよう

のらネコにはさわらない

トイレやケージのそうじは手ぶくろとマスクをつける

ネコをさわったら手を洗う

スキンシップはほどほどに

トイレはいつもきれいに

ネコの命を守るワクチン

抗体をつくって病気から守る

ワクチンとは、病気を起こすウイルスの毒性を弱めるなどして体の中に入れて、抗体（ウイルスや細菌を体の外に出したりする物質）をつくることで、病気にかかりにくくするものです。

ネコにはイヌのように法律で決められたワクチンはありません。しかし、ワクチンを接種することで、かかると完全に治りにくい病気を予防したり、かかっても軽い症状ですませられたりします。

室内で飼う場合でもワクチンは必要

家から出ないネコは、病気に感染しないように思うかもしれません。では、災害にあって、ひなん所で長い間生活をすることになった場合はどうでしょうか。

たくさんの動物や知らない人の中で生活すると、ネコはストレスを感じます。また、免疫が落ちると病気がうつる可能性が高くなります。このような場合でも、ワクチンを接種をしていると、防げる病気があるのです。

ワクチンは、命を守るための「コアワクチン」と、命を落とすほどではなくても予防したほうがいい「ノンコアワクチン」があります。「コアワクチン」だけで接種するものと、「ノンコアワクチン」が混合されているワクチンが広く使用されています。

コアワクチン

- 猫ウイルス性鼻気管炎
- 猫カリシウイルス感染症
- 猫汎白血球減少症

命の危険がある病気を防ぐ

ノンコアワクチン

- 猫白血病ウイルス感染症
- 猫免疫不全ウイルス感染症
- 猫クラミジア感染症

予防したほうがよい病気を防ぐ

ワクチンを接種することによって、防ぐことができる病気もあります。
ワクチンについて正しい情報を知っておきましょう。

早い時期から打ち始める

日本で広く使用されているのは、3種混合のコアワクチンで、生後8〜12週齢に初回の接種がすすめられています。これは、多くのネコは親からもらった抗体の量が生後6〜12週の間に低下していくからです。初回接種によって、親からの抗体の影響を受けずに、ワクチンの有効性が確保できます。

3回目までの接種は、初回で得られた免疫の持続と強化が目的です。4回目以降は、ワクチンの効果を高めて持続させるための「ブースター接種」が一般的です。

ワクチン接種スケジュール

1回目	8〜12週齢のときに接種を開始
2回目	1回目の接種のあと4〜5週間後
3回目	2回目の接種のあと4〜5週間後
4回目	約1歳でブースター接種
5回目以降	1〜3年ごとにブースター接種

ワクチンを打つと「予防接種証明書」がもらえる

ワクチンを打つと、ワクチンの種類、打った日付、打った場所などが書かれた「予防接種証明書」がもらえます。これを保管しておくことで、ネコがどんなワクチンを打ってきたかがわかります。

また、予防接種証明書があると、災害が起きたときにいっしょにひなんしやすかったり、ネコをペットホテルなどに預けたりするときにも役立ちます。

ネコがその病気に対してまだ免疫を持っているか血液をとって調べる「抗体価検査」をしたときにもらえる「抗体価証明書」も、同じように役立ちます。証明書は捨ててしまわず、いつでも取り出せるように保管しておきましょう。

ネコの状態を見てみよう

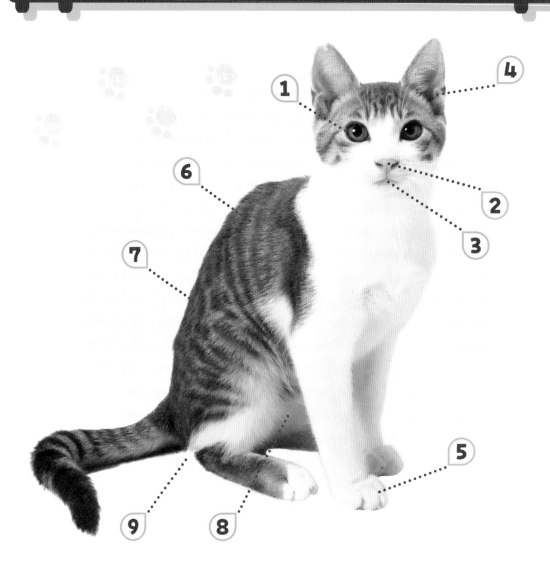

口を開けられるのがきらい

ネコは口を開けられるのが好きではありません。口を開けて健康状態のチェックができないので、ごはんや水を飲む量など、口を使うときの様子にも注意が必要です。いつもとちがう口の変化に気づけるようにしましょう。

病気や変化にいち早く気づくためには、どんな状態が健康なのかを知っておく必要があります。部位別に説明します。

チェックシート

定期的にチェックしておこう

1 目

- [ ] にごりがなく、うるおっている。
- [ ] 眼ヤニが出ていない。出ていても少しだけ。
- [ ] ぱっちりと開いている。
- [ ] 赤みがない。
- [ ] なみだがあふれていない。

2 鼻

- [ ] しっとりとぬれている。
- [ ] さわると冷たい。
- [ ] 鼻水が出ていない。

3 口

- [ ] 息がくさくない。
- [ ] 歯ぐきが赤くない。
- [ ] 歯石がついていなくてきれいな歯。

4 耳

- [ ] 中がくさくない。
- [ ] 耳あかがあまりない。

5 足

- [ ] まっすぐ歩いている。
- [ ] 関節がしっかり曲がる。

6 皮ふ・毛

- [ ] 毛につやがある。
- [ ] くさくない。
- [ ] 皮ふがきれいで、フケがない。

7 体

- [ ] 腫れていたり、しこりがない。

8 おなか

- [ ] 腫れていたり、しこりがない。
- [ ] ふくらんでいない。

9 はいせつ物

- [ ] おしっこやうんちのにおいが、いつもと同じ。
- [ ] おしっこの色はうすい黄色。
- [ ] うんちの表面につやがあり、しっかりと固まっている。

これって病気？

食べたものをはく

はくことはめずらしいことではありません。回数を確認し、ほかにどんな症状があるかを観察します。

合わない食べものや食中毒菌、胃腸の病気、肝臓や腎臓の病気、アレルギーなどの免疫の病気　　　　　など

じっとしている

活動性や好奇心がなくなるのは、さまざまな病気が考えられます。おしっこやうんち、食欲に関して症状がある場合は、すぐ病院に相談しましょう。

水をたくさん飲む

おしっこがたくさん出るため、水を飲んでいることがあります。

臓器の炎症、腎臓や肝臓の不調、ホルモン（体のお知らせ物質）の異常

　　　　　　　　　　　　　　　など

よだれが出ている

喜びや興奮によってもよだれがたくさん分泌されますが、口からのどに違和感や痛みをともなう病気があるのかもしれません。

口や歯の病気、中枢神経の病気

　　　　　　　　　　　　　　　など

ふだんとちがう様子やしぐさは、病気のサインかもしれません。こんな状態が見られたら、早めに病院に連れて行きましょう。

体の一部をなめる

人前で何度もなめるときは皮ふのトラブルや痛み、部位に違和感がある、ストレスがあるのかもしれません。

こんな病気かも

皮ふの病気（アレルギーや外部寄生虫によるもの）、そのか所の痛みや違和感、精神的な病気やストレス、不安から起こる行動　　　　　　　　　　など

口がくさい

口の中だけでなく、腎臓や肝臓の病気の可能性もあります。

こんな病気かも

歯や歯肉の病気、のどや食道の病気、腎臓や肝臓の病気　　　　　　　　　など

耳を気にする

耳の中、もしくは耳周りの皮ふに異変がある可能性があります。

こんな病気かも

耳や皮ふの病気（アレルギーや外部寄生虫によるもの）　　　　　　　　　　など

くしゃみが多い

たまにくしゃみをするなら問題ないですが、ネコは鼻がきかなくなるとごはんを食べなくなる場合があります。

こんな病気かも

鼻や呼吸器の病気、免疫の病気（アレルギーなど）、歯の病気　　　　　など

動物病院で健康チェック

1 問診

まずはネコの様子を飼い主に質問

今回健康診断を受ける、にゃん太くん。15歳くらいなので、病気になりやすい年齢です。健康診断ではまず、ネコの年齢や生活環境、気になることなどを動物病院の先生が質問して飼い主がこたえる、「問診」で確認します。

2 身体検査

見て、さわって、聞いて確認

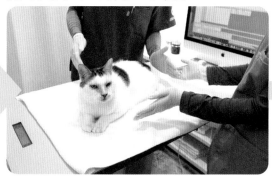

次は身体検査を行います。写真は診察台についている体重計で体重を量っているところ。ほかにも、おかしなところがないか直接見て確認する「視診」、体をさわって確認する「触診」、心臓の音などを確認する「聴診」を行います。

5 腹部超音波検査

超音波で体の中をみる

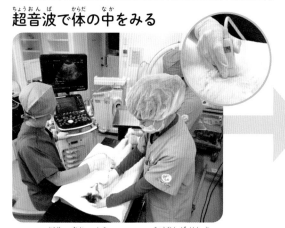

ネコの体の中を調べるのが超音波検査です。この検査では、おなかにある内臓の状態や心臓の動き、かたいところ（腫瘍）がないか、水がたまっていないかなどをみます。

6 CT検査

体の中をぐるりとさつえい

体を輪切りにしたような写真がとれるこの検査で、くわしくネコの体をみることができます。さつえいのときに動くと検査ができないため、ネコを麻酔でねむらせて検査をすることもあります。

少しでも長く健康でいるためには、定期的に体をチェックすることが大切です。元気で若いネコなら1年に1回、年をとったら半年に1回は健康診断を受けましょう。

＊検査内容は病院によってことなります。

③ 眼科検査

専用器具で目のチェック

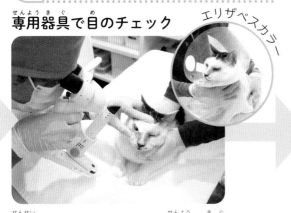

エリザベスカラー

先生がスリットランプという専用の器具で、ネコの目を見てチェックします。ネコがこわがって暴れてしまうときは、首の周りに「エリザベスカラー」をつけて、ネコも先生もケガをしないようにします。

④ 尿検査

おしっこから病気を調べる

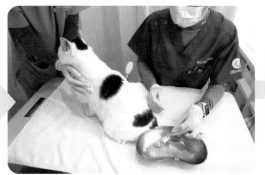

泌尿器の病気になりやすいネコは、おしっこの状態を調べるのも大切な検査です。おしっこは、スポンジを使って飼い主が家でとって持ってくる場合と、病院で採取する場合などがあります。

⑦ 結果説明

結果をもとに先生から話を聞く

いろいろな検査によって、体の中の状態がわかりました。先生に結果を説明してもらい、悪いところが見つかれば治療を始めます。また、ネコが健康で長生きするためのアドバイスを聞いて、これからの生活に役立てます。

ネコが長生きするためには、ふだんからよく観察して、しぐさや様子のちがいに気づくことが大切です。病院ぎらいのネコちゃんでも、1年に1回は必ず健康診断を受けるようにしましょう。

オールペットクリニック
平林雅和先生

ネコのごはん

回数と栄養のバランス

ネコのごはんは、ネコの年齢や体質にあわせて栄養バランスが考えられている「総合栄養食」とよばれるキャットフードをあたえるのが一般的です。水分量が少ないドライタイプは、歯の健康にもよいのが特徴で、水といっしょにあたえます。ほかに、水分量が多いウェットタイプもあります。

ごはんは、母乳を卒業した生後2〜6か月くらいまでは、1日3〜4回にわけます。おとなになると朝と夕方の1日2回、年をとったら再び1日3〜4回にわけることもあります。

口に入れたらキケン！

身の周りには、うっかりネコが食べてしまうと、のどや胃につまるなどトラブルになってしまうものがあります。

特に、ネコがおもちゃとまちがって口にしやすい、ひものような形のものは注意が必要です。

輪ゴム

毛糸

洋服のほつれ

くつひも

ネコにとって、ごはんは健康な体をつくる源です。年齢に合わせて、ごはんの回数や内容を変える必要があります。

人間の食べものをあげてはいけない

私たちのごはんをじっと見て、食べたそうにしている姿を見ると、ついあげたくなります。しかし、人間のごはんはネコには塩分が多く、腎臓に負担がかかるため体によくありません。

また、げりをしたり太る原因になったりします。ついあげてしまった人間のごはんが、病気のもとになると覚えておきましょう。

ぬすみ食いに注意

魚の骨

肉が入っていたトレー

チョコレート

タマネギ

机の上やキッチンに食べものを置いていたら、目をはなしたときになめたり食べたりしてしまった……。自分や家族があげなくても、ネコがぬすみ食いをすることもあります。

はき気やげりの原因になったり、消化器官をこわすだけでなく、最悪の場合は死んでしまうこともあります。人間の食べものや食べかす、ゴミはネコが口にできないところに片づけましょう。

27

運動とお手入れ

運動量はネコの年齢でちがう

活発な子ネコと落ち着いたおとなのネコを比べてみると、年齢が高くなるほど、どんどん運動をしなくなります。運動量が減ると、体力が落ちてしまうので、病気になったりケガをしやすくなります。

若いうちはたくさん、年をとってもネコが無理しない程度に遊んであげて、健康のために運動をさせましょう。

タワーやステップを活用しよう

ネコは高いところが大好きです。ネコ用のタワーやステップを部屋につけてあげると、ネコは喜んで上り下りして、たくさん運動するようになります。

ネコにとって高いところは、部屋の中がよく見えるので安心できる場所でもあります。これは、敵から身を守ったり獲物の動きをよく見たりしていた時代のなごりで、本能的な行動だといわれています。

太ったり、体力が落ちると病気になりやすくなるのは、ヒトもネコも同じです。運動は病気の予防につながります。健康のために、毛や歯のお手入れをしておくことも大切です。

お手入れでいつもきれいに

お手入れと健康は深い関係があります。いつもきれいな毛並み、歯、つめにしておくと、病気やケガの予防につながります。

お手入れすることをいやがるネコが多いので、できれば子ネコのうちから慣らしていくといいでしょう。

ブラッシング

つめきり

歯みがき

多頭飼育はストレスに注意して

複数のネコを飼うことを「多頭飼育」といいます。仲間が多ければ喜ぶとは限らず、ネコ同士の相性や性格によっては、いっしょに暮らすことをストレスに感じてしまう場合があります。トイレや食事の場所をそれぞれで変えるなど、ストレスを感じないような居場所づくりが必要です。

飼っているネコは、1ぴき1ぴき同じようにワクチンやごはん、お手入れをしてあげないといけません。飼うネコの数だけ、必要なお金や時間も増えることを理解したうえで、飼うようにしましょう。

かわいい子ネコ

子ネコはストレスや病気に弱い

引っこしたり、知らない人や物に囲まれたり、環境が変わると、ネコはとてもストレスを感じます。子ネコは特にストレスに弱く、げりをしたりごはんを食べなくなったりすることがあります。

ストレスが大きいことや、長くストレスを受けていることが原因で、病気になってしまうこともあります。様子がおかしいと感じたら、早めに病院に連れていきましょう。

子ネコが成長すると

ネコの体は成長が早く、生まれてから1年ほどでおとなの体になっていろいろなことができるようになります。

成長のスピードはネコによってちがいますが、メスの場合は、5〜8か月で子どもが産めるようになり、高い声で鳴くような「発情期」をむかえます。オスは5〜8か月、早ければ4か月で「性成熟」をむかえます。しかし、1歳になるまでの子づくりは、体の負担になることもあります。

子ネコは小さくてかわいらしく、ついいっしょに遊びたくなります。しかし、おとなのネコに比べて心も体もまだ発達していません。子ネコを育てるときの注意点を知っておきましょう。

ネコの体を守る「避妊手術」「去勢手術」

飼いネコのメスは、1年に約3回、1回につき2週間ほど発情します。

妊娠すると約60日間おなかに赤ちゃんがいて、1回の出産で3～6ぴきの子ネコを産みます。子ネコはかわいいですが、出産は母ネコの体に負担がかかることを忘れてはいけません。その負担を減らす方法の一つが、避妊手術です。オスには、去勢手術を行います。

避妊や去勢をすると、子どもをつくれなくなります。しかし、ネコのストレスは軽くなり、性格がおだやかになるともいわれています。また、オス・メスそれぞれに特有の病気にもかかりにくくなり、感染症になるリスクが下がり、病気の予防にもつながるのです。

避妊手術で予防できる病気や行動

- 子宮や卵巣の病気　● 乳腺のできもの
- 発情による異常行動
- 望まない交配

去勢手術で予防できる病気や行動

- 精巣や前立腺の病気
- 肛門の周りの筋肉の病気やできもの
- マーキングや闘争　● 望まない交配

避妊や去勢手術をすると、ストレスが軽くなる。

ネコの安全を守ろう

快適で過ごしやすい部屋に

ネコが暮らす部屋は、エアコンがあって室内の温度が調整できるところを選びます。ネコが寝たりするケージは、部屋を見わたせるところや静かなところに置くといいでしょう。

また、ユリ、ポトスなどは口に入れると危険な植物です。なめてしまうと危険な芳香剤や、まちがって飲み込んでしまいそうなもの、アクセサリーなども片づけておきます。

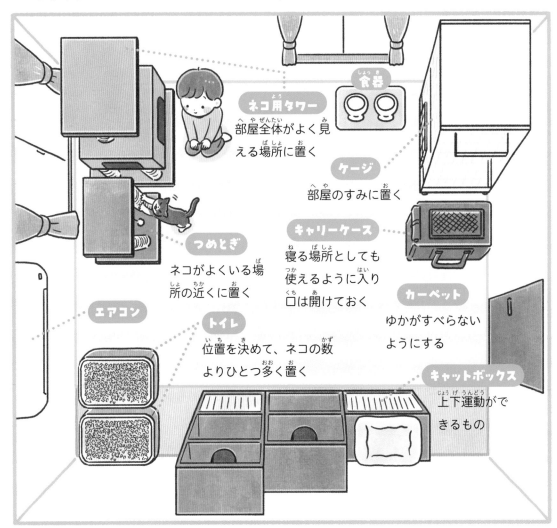

食器

ネコ用タワー
部屋全体がよく見える場所に置く

ケージ
部屋のすみに置く

つめとぎ
ネコがよくいる場所の近くに置く

キャリーケース
寝る場所としても使えるように入り口は開けておく

カーペット
ゆかがすべらないようにする

エアコン

トイレ
位置を決めて、ネコの数よりひとつ多く置く

キャットボックス
上下運動ができるもの

ネコが安全に生活できる部屋を考えてみましょう。また、ケガや迷子などに備えて、日ごろから準備をしておきたいことがあります。

キャリーケースに慣れさせておく

病院に連れて行ったり、ひなんするときに使うのが、キャリーケースです。急に使おうとすると、ネコがこわがってなかなか入らないので、ふだんから部屋に置いておきます。そうすると、ネコはキャリーケースを寝る場所として使うようになり、運び出すときもすんなり入ってくれるようになるでしょう。

キャリーケースはふだんから置いておく。

迷子を救うマイクロチップ

マイクロチップとは、動物の体の中に入れる名札のようなものです。15ケタの個体識別番号に、飼い主の情報が登録されていて、世界でひとつしかありません。迷子のネコを見つけたら、その番号を読み取ることで、どこに住んでいて、だれが飼っているかがわかるので、飼い主が見つかりやすくなります。

マイクロチップは、ペットショップなどでの装着が義務づけられています。まだ体に入っていない場合は、動物病院で入れてもらって登録をします。

マイクロチップの情報を登録すると「登録証明書」がもらえます。ひなんするときなどに必要になるので、大切に保管しておきましょう。

マイクロチップ

年をとったら

ネコの状態に合わせた部屋づくり

　トイレを失敗したり、タワーにジャンプできなくなったり……ネコも年をとると、今までできたことができなくなってきます。これは「老化」といって、どんなネコにも起こることです。

　老化したネコが安全に気持ちよく暮らせるように、トイレに行きやすくしたり、タワーやケージを低くして登りやすくしたりと、ネコの体の変化に合わせて部屋を整えてあげましょう。

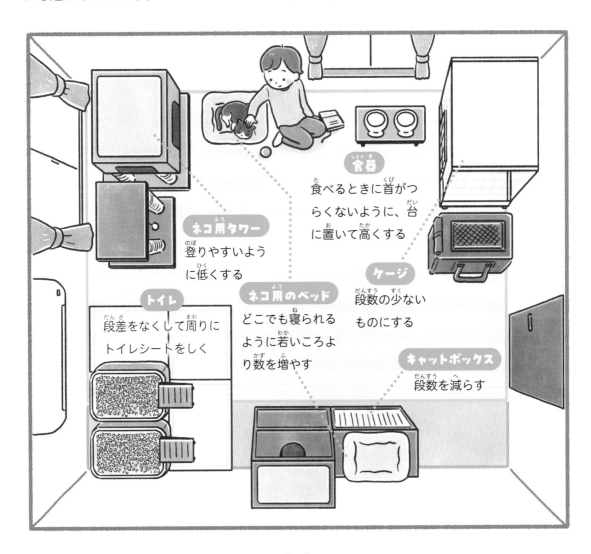

食器
食べるときに首がつらくないように、台に置いて高くする

ネコ用タワー
登りやすいように低くする

ケージ
段数の少ないものにする

トイレ
段差をなくして周りにトイレシートをしく

ネコ用のベッド
どこでも寝られるように若いころより数を増やす

キャットボックス
段数を減らす

医学の発達、健康意識の高まりなどにより、長生きするネコが増えました。さらに長生きできるように、私たちが知っておきたいことはなんでしょうか。

元気に見えても病気のサインかも

目がイキイキしている、水をたくさん飲んでいる……。元気な様子に思えますが、もしかしたらそれは病気かもしれません。

よく動き回り目がぱっちりと大きくなっているなら「甲状腺機能亢進症」、水をガブガブ飲むのは「腎臓病」の可能性も考えられます。どちらも年をとると増える病気で、これらのサインが見られたら、すぐに病院に連れて行きましょう。

ふれあいを大切にしよう

老化が進めば、トイレまで歩けなくなります。そんなときは、だっこしてトイレまで連れていったり、こしを支えたりサポートしてあげましょう。

少しでもネコが長生きできるように、家族でお世話をすることは大切です。また、なでたり話しかけたりしてふれあい、ネコを安心させてあげることも大切です。ふだんからスキンシップをしていると、いつもとちがう行動や症状に早く気づくことにもつながります。

ひなんするときは

ネコといっしょにひなんするために

災害が起きたとき、ペットを飼っている人は基本的にペットといっしょにひなんすることが決められています。あとから動物を探して保護するのが大変だったり、飼い主とはぐれてケガをしたり病気になってしまったりするのを防ぐためです。

自分が住む町のホームページなどを事前に確認して、ひなん場所の情報や安全な行き方などを確かめておきましょう。

ひなん先では、飼い主が責任をもってペットのお世話をする必要があります。ネコはイヌとちがってリードをつなぐ習慣がないため、キャリーケースに入れておくことが基本になります。

ひなん先でたくさんの動物が集まると、感染症が起きやすくなるほか、ストレスを感じて、必要以上に鳴くこともあります。ワクチン接種や寄生虫の予防、避妊・去勢の手術、キャリーケースに慣れさせておくことは、ひなんしたときにネコの健康と安全を守ることにもつながるのです。

写真や証明書を忘れないで

ひなんするときに、ネコとはぐれてしまったり、いっしょににげられない場合もあります。あとから探せるように、ネコの写真は持っておくようにします。

また、予防接種証明書（→p.19）、マイクロチップの登録証明書（→p.33）も必要になるので、忘れずに持っていきましょう。

火事や地震、大雨など、緊急事態が起きたとき、ネコといっしょににげなければなりません。私たちができる備えはなんでしょうか。

ひなんグッズを準備しよう

キャリーケースが開いてにげないように、入口を固定するガムテープがあるとよい。

私たちと同じように、ネコにもひなんグッズが必要です。少なくとも5日分、できれば7日分以上の水とごはん、食器のほかに、トイレシートや新聞紙、ビニールぶくろ、ウェットティッシュなど、はいせつ物を処理するものも必要です。ほかには、大きなタオル、首輪やリード、ハーネス、キャリーケース、おもちゃなども用意します。すぐに持ち出せるように、リュックなどにまとめておきます。

ひなん用のごはんや水は順番に使って買い足す

ネコ用のごはんや水には賞味期限があります。災害はいつ起きるかわからないので、ごはんや水はひなんぶくろに入れたままにせず、古いものから順番に使って、新しいものを買い足すようにしておきます。こうすると、いつも新しい5～7日分のごはんと水が準備できます。

災害にあっても、ネコが食べものや飲みものに困らないようにする、日ごろからできる防災対策です。

教えて！獣医さん

ネコの体のことや行動のふしぎ、
心配なことを平林先生に教えてもらいました。

みんなの
質問に
こたえるよ。

Q1

ネコが高い所から
着地できるのは
どうして？

A1

耳の中にある「三半規管」が、他の動物よりも発達しているからです。三半規管は、バランス感覚を保つところなので、飛び下りながらうまく着地ができるのです。また、筋肉や骨の構造も関係しています。

Q2

ネコのしっぽが
急に太くなるのは
どうして？

A2

ネコやイヌは、皮ふの中にある「立毛筋」という筋肉が縮むと、毛が逆立ちます。逆立った毛と毛の間に空気が入るので、体は大きくなり、しっぽが太くなるのです。こわいとき、おどろいたとき、相手をいかくするときなどに毛が逆立ちます。

Q3

ネコが私（わたし）の薬（くすり）を
飲（の）んでも
だいじょうぶ?

A3

ネコがまちがってヒトの薬（くすり）を飲（の）むと、死（し）んでしまうことがあります。まちがって飲（の）んでしまったときは、すぐに動物病院（どうぶつびょういん）に電話（でんわ）してください。ネコの前（まえ）で薬（くすり）は飲（の）まないようにして、飲（の）んだらゴミもしっかり片（かた）づけましょう。

Q4

どうしてネコは
動（うご）くものを
追（お）いかけるの?

A4

ネコはもともと、エサである獲物（えもの）を自分（じぶん）でとって生活（せいかつ）していました。これを狩猟本能（しゅりょうほんのう）といいます。飼（か）いネコになってエサをとる必要（ひつよう）はなくなりましたが、動（うご）くものを見（み）ると追（お）いかけたくなってしまうようです。

Q5

ネコといっしょに
外国（がいこく）に
引（ひ）っこしできる?

A5

引（ひ）っこす国（くに）ごとに必要（ひつよう）な検査（けんさ）や書類（しょるい）、決（き）まりがあります。狂犬病（きょうけんびょう）のワクチン接種（せっしゅ）やマイクロチップを入（い）れて登録（とうろく）するなど、どんな検査（けんさ）や予防接種（ぼうせっしゅ）が必要（ひつよう）なのかを調（しら）べて準備（じゅんび）をします。また、日本（にほん）に帰国（きこく）するときに必要（ひつよう）な書類（しょるい）なども準備（じゅんび）しておきます。

ネコのしぐさを
よく観察（かんさつ）して
みてね!

監修 平林雅和（ひらばやし・まさかず）

オールペットクリニック院長、獣医師。祖父の代から100年続く動物病院の家庭に育ち、2016年に新しくオールペットクリニックを開院。「動物にとっての一番の幸せ」を飼い主と一緒に考え、悩みながら日々治療にあたる。東日本大震災時では「石巻動物救護センター」の設立・運営に携わったほか、数々のメディアへの協力・出演をするなど多岐にわたり活動を行う。

おもな参考文献・サイト

『イヌとネコの体の不思議　ひげの役割、しっぽの役割とは？』
（小方宗次監修／斉藤勝司著／誠文堂新光社）
『イラストでみる猫学』（林 良博監修／講談社）
『面白くてよくわかる！ネコの心理学』（今泉忠明監修／アスペクト）
『学研の図鑑LIVE イヌ・ネコ・ペット』（今泉忠明ほか監修／学研プラス）
『くらべてわかる！ イヌとネコ ひみつがいっぱい 体・習性・くらし』
　（林 良博監修／大野瑞絵著／浜田一男写真／岩崎書店）
『新猫種大図鑑』（小暮規夫監修／ブルース・フォーグル著／ペットライフ社）
『猫の教科書 改訂版』（高野八重子・高野賢治著／シャナン写真／緑書房）
「災害時におけるペットの救護対策ガイドライン」（環境省）
「動物由来感染症ハンドブック2022」（厚生労働省）
みんなのどうぶつ病気大百科（獣医師監修）
https://www.anicom-sompo.co.jp/doubutsu_pedia/

知っておこう！　いっしょに暮らす動物の健康・病気のこと
ネコ

2024年1月5日発行　第1版第1刷 ©

監　修	平林 雅和（ひらばやし まさかず）
発行者	長谷川 翔
発行所	株式会社 保育社
	〒532-0003
	大阪市淀川区宮原3-4-30
	ニッセイ新大阪ビル16F
	TEL 06-6398-5151　FAX 06-6398-5157
	https://www.hoikusha.co.jp/
企画制作	株式会社メディカ出版
	TEL 06-6398-5048（編集）
	https://www.medica.co.jp/
編集担当	中島亜衣／二畠令子／佐藤いくよ
編集協力	株式会社ワード
執　筆	菅原モニカ／有川日可里（株式会社ワード）
装　幀	梅林なつみ（株式会社ワード）
本文デザイン	梅林なつみ（株式会社ワード）
本文イラスト	いきものだものイラストレーション
	サキザキナリ／フクイサチヨ
撮　影	尾崎たまき（p19, p24-25, p38-39）
写真提供	PIXTA ／ PHOTO AC ／ photo library
モデル	にゃん太くん
協　力	オールペットクリニック
校　閲	大西寿男（ぼっと舎）
印刷・製本	日経印刷株式会社

ISBN978-4-586-08668-9　　　　　　　　　　　Printed and bound in Japan
乱丁・落丁がありましたら、お取り替えいたします。